《非一般的家居表情2500例》编写组 编

U0337120

非一般的家居表情

2500例

给自己一个有表情的家

典雅型

电视墙 客厅 餐厅 卧室

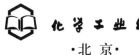

化学工业出版社

·北京·

编写人员名单（排名不分先后）

许海峰	邓 群	张 淼	王红强	谢蒙蒙	董亚梅	任志军
张志红	周琪光	任俊秀	张风霞	王乙明	胡继红	黄俊杰
袁 杰	李 涛	卢立杰	田广宇	童中友	张国柱	柏 丽

图书在版编目(CIP)数据

非一般的家居表情2500例．典雅型 ／ 《非一般的
家居表情2500例》编写组编．—北京：化学工业出版
社，2013.7
 ISBN 978-7-122-17601-1

Ⅰ．①非… Ⅱ．①非… Ⅲ．①住宅－室内装饰设
计－图集 Ⅳ．①TU241-64

中国版本图书馆CIP数据核字(2013)第128230号

责任编辑：王 斌 林 俐　　　　　　装帧设计：锐扬图书 QQ407814337

出版发行：化学工业出版社(北京市东城区青年湖南街13号　邮政编码100011)
印　　装：北京画中画印刷有限公司
889mm×1194mm　　1/16　　印张 5½　　2013年 7 月北京第 1 版第 1 次印刷

购书咨询：010-64518888 (传真：010-64519686)　　售后服务：010-64518899
网　　址：http://www.cip.com.cn
凡购买本书，如有缺损质量问题，本社销售中心负责调换。

定　　价：29.80元

电视墙

客　厅

餐　厅

卧　室

TIPS

电视墙
TV wall
给自己一个有表情的家

电视墙的意义

　　电视墙又称客厅背景墙或者主题墙，是从公共装修中引入的一个新概念。一般是指放置电视、音响的那面墙，也是最引人瞩目的一堵墙。有了电视墙，客厅中其他地方的装饰和装修就简单了。电视墙通常是为了弥补客厅中电视机背景墙面的空旷，同时起到修饰客厅的作用。因为电视墙是家人目光注视最多的地方，长年累月地看也会让人厌烦，所以其装修就尤为讲究。新古典主义的背景墙通常可以着重从软装饰方面入手，搭配典雅的居室风格，恰如其分地体现华贵气质。但是，如果将客厅的四壁都设计为背景墙，就会使人产生杂乱无章的感觉，反而弄巧成拙。

实木浮雕描金

木纹大理石

白枫木饰面板

条纹壁纸

仿古砖

胡桃木饰面板

泰柚木饰面板

皮革软包

水曲柳饰面板

装饰灰镜

黑胡桃木饰面板

米黄色玻化砖

白色亚光地砖

手绘墙饰　　　　　　　　　　　木质窗棂造型

米色网纹大理石

胡桃木饰面板

石膏板镂空

中花白大理石

茶色玻璃　　　　　　　　　白色亚光墙砖

胡桃木装饰横梁

茶色玻璃

红色烤漆玻璃

装饰硬包

中式书法壁纸

木质窗棂造型

电视背景墙的设计原则

　　典雅，是一种生活态度，一种优越品位的生活方式，一种优质生活的表达。电视背景墙的设计是一种格调与品位的象征，同时也是一种风格的追求。这种风格定位的电视背景墙设计应遵循以下原则：设计中体现低调、隐藏，但不平庸，要引人注目；设计时要"量身定做"，让装饰设计体现出一种精致，但不显露；设计中要注重细节处的质感；用典雅和相对专属的方式来诠释家居风格；要真正体现精致生活的风尚。

花纹壁纸

密度板拓缝

米色网纹大理石

浮雕壁纸

混纺地毯

浮雕壁纸

胡桃木饰面板

米色网纹大理石

泰柚木饰面板

胡桃木饰面板

砂岩浮雕壁画

茶色玻璃

深啡网纹大理石　　　　　　　　　　　　　　　　木装饰线

仿古砖

复合木地板

皮纹砖

木质窗棂造型

中华白大理石

雕花玻璃

密度板拓缝

爵士白大理石

黑色烤漆玻璃

柚木饰面板

深啡网纹大理石

新古典主义电视墙的特点

　　新古典主义的设计风格崇尚复古风、理性和自然，其实是经过改良的古典主义风格，保留了材质、色彩的大致风格，摒弃了过于复杂的肌理和装饰，简化了线条。高雅而和谐是新古典风格的代名词。新古典主义风格的电视墙设计从简单到繁杂，从整体到局部，精雕细琢，镶花刻金都给人一丝不苟的印象。电视墙的色彩设计要和谐、稳重。电视墙的色彩与纹理不宜过分夸张，应以色彩柔和、纹理细腻为思路。过分鲜艳的色彩和夸张的纹理只会让人的眼睛感到疲劳。浅颜色可以延伸空间，使空间看起来更大；而深颜色会让人有压迫感和紧张感。在实际应用中，曾经有用纷乱的几何图案作为电视墙的涂装方案，最终导致房主头痛、眩晕的案例，应当引以为戒。

白色乳胶漆

浮雕壁纸

胡桃木饰面板

密度板雕花茶玻

石膏板拓缝

木纹大理石

木质窗棂造型

浅啡网纹大理石

水曲柳饰面板

米黄大理石

条纹壁纸

花纹壁纸

木纹大理石

白色亚光地砖

密度板拓缝

条纹壁纸

米色洞石

黑胡桃木装饰线

密度板拓缝

白桦木饰面板　　　　　　　　　　水曲柳饰面搁板

木质窗棂造型

米黄网纹大理石

实木装饰线

泰柚木饰面板

黑色烤漆玻璃

大空间客厅的电视墙装饰设计

　　风格一定要统一并且分清轻重、主次，如果把三种以上的风格混在一起，不但达不到预计的效果，还有可能把房间变得纷杂混乱。大方雍容的客厅中电视背景墙的立面装饰设计很重要。电视背景墙可以搭配银色壁纸与壁饰；可以用镂空雕刻配以装饰玻璃，高贵中透着优雅的气质；可采用纯欧式的手法，壁炉与仿石材的瓷砖配合使欧式元素格外鲜明，更加生动；可进行金色欧式主色调硬装，使色彩看起来明亮、大方，使整个空间展现开放、华贵的非凡气度。这些装饰设计将带你体验雍容华美、低调奢华的生活空间。

木质窗棂造型

实木地板

木纹大理石

中花白大理石

石膏板拓缝

有色乳胶漆

白色玻化砖

肌理壁纸

白色乳胶漆

装饰硬包

米色亚光墙砖

装饰珠帘

深啡网纹大理石

白色乳胶漆　　　　　　　　　　　　　　白色玻化砖

实木地板

水曲柳饰面板

雕花茶色玻璃

浅啡网纹大理石

木质窗棂造型　　　　　　　　　　　中式书法壁纸

木质搁板

砂岩浮雕壁画

石膏板拓缝

马赛克

深啡网纹大理石

羊毛地毯

米色网纹玻化砖

米黄大理石

水曲柳饰面板

黑色烤漆玻璃

艺术墙贴

花纹壁纸

肌理壁纸

泰柚木饰面板

车边灰镜

车边银镜

花纹壁纸

密度板镂空

密度板雕花贴银镜

泰柚木饰面板

黑胡桃木饰面板

雕花银镜

浮雕壁纸　　　　　　　　实木地板

木纹大理石

绯红网纹大理石

泰柚木饰面板

实木装饰线

木纹大理石

电视墙的视距和目标位置设计

　　首先,确定观看位置是选择电视墙位置的第一步,任何非正对观看者位置的墙面都不适合作为电视墙使用。其次,应该根据自己预装的电视大小来选择合适的观看距离,通常的数据是:观看距离以电视屏幕对角线的长度的3.5~4倍为宜。这里教大家一个更简单的方法。坐在沙发上、伸直手臂,如果你的手可以正好遮挡住电视屏幕就说明距离合适了。最后,在确定了电视的距离后还要掌握电视悬挂的高度,通常以与双眼持平(或略高)为合理。

白色亚光墙砖

原木波浪板

木质搁板

白色乳胶漆

水曲柳饰面板

复合木地板

白桦木饰面板

白色乳胶漆

装饰银镜

复合木地板

黑色烤漆玻璃

雕花银镜

有色乳胶漆

白色玻化砖

艺术壁纸

铂金壁纸

泰柚木搁板

白色乳胶漆

米色洞石　　　　　　　　胡桃木饰面板

墙砖拼花

白桦木饰面板

米色网纹大理石

密度板雕花贴茶玻

泰柚木饰面板　　　　　　花纹壁纸

实木地板　　　　　　红樱桃木饰面板

实木地板

艺术墙贴

爵士白大理石

装饰灰镜

羊毛地毯

桦木饰面板

绯红网纹大理石

红色烤漆玻璃

肌理壁纸

黑色烤漆玻璃

白色亚光地砖

黑胡桃木踢脚线

复合木地板

茶色玻璃

艺术壁纸

木质搁板

车边银镜

木质窗棂造型

米黄色玻化砖

装饰灰镜

客 厅
Living room
给自己一个有表情的家

木质材料适宜装饰典雅风格的客厅背景墙

在木质材料上拼装制作出各种花纹图案是为了增加材料的装饰性，在生产或加工材料时，可以利用不同的工艺将木质材料的表面做成各种不同的表面组织，如粗糙或细致、光滑或凹凸、坚硬或疏松等；可以根据木质材料表面的各种花纹图案来装饰。也可以将材料拼镶成各种艺术造型，如拼花墙饰。也不妨用杉木条板或俄罗斯松木条板贴在电视墙造型上，表面再涂装一层木器清漆，进行整体装饰，这样看起来就会美观很多。

胡桃木饰面板

羊毛地毯

装饰硬包

雕花烤漆玻璃

密度板造型刷白

实木地板

米色玻化砖

水曲柳饰面板

雕花烤漆玻璃

羊毛地毯

茶色玻璃

实木地板　　　　　　　　　　　　　　　羊毛地毯

木纹大理石　　　　　　　　　　　　　密度板雕花隔断

密度板拓缝

白色亚光地砖

羊毛地毯　　　　　　　　　　　　　　　　　米色亚光地砖

实木装饰线

米色玻化砖

马赛克

黑色烤漆玻璃

黑白根大理石

典雅型客厅的吊顶设计方案

用石膏在天花吊顶四周做造型,石膏可做成几何图案或花鸟虫鱼图案,具有价格便宜、施工简单的特点,只要和房间的装饰风格相协调,效果就很不错。四周吊顶,中间不吊,此种吊顶可用木材夹板成型,设计成各种形状,再配以射灯和筒灯,在不吊顶的中间部分配上较新颖的吸顶灯,会使人觉得房间空间增高了,尤其是面积较大的客厅,效果会更好。四周吊顶做厚,中间部分做薄,形成两个层次,此种方法中四周吊顶造型较讲究,中间用木龙骨做骨架,而面板采用不透明的磨砂玻璃,玻璃上可用不同颜料喷涂上中国古画图案或几何图案,这样既有现代气息又给人以古色古香的感觉。如果房屋空间较高,则吊顶形式选择的余地比较大,如石膏吸声板吊顶、玻璃纤维棉板吊顶、夹板造型吊顶等。这些吊顶具有美观、降噪声等功能。

实木地板

深啡网纹大理石

白色亚光地砖

茶色玻璃

车边茶玻

密度板镂空

复合木地板

米白色洞石

水曲柳饰面板

布艺软包

实木地板

米色玻化砖

实木线条密排

混纺地毯

木纹大理石

石膏板吊顶

石膏板吊顶

白桦木饰面板

装饰硬包

木纹大理石

肌理壁纸

羊毛地毯

白桦木饰面板

艺术地毯

黑色烤漆玻璃

实木地板

车边银镜

胡桃木饰面板

装饰硬包

羊毛地毯

车边银镜

木纹大理石

米黄大理石

石膏板吊顶

茶色玻璃

实木地板

镜面马赛克

米白色洞石

混纺地毯

羊毛地毯

花纹壁纸

镜面马赛克

肌理壁纸

木纹玻化砖

茶色玻璃

仿古砖

浮雕壁纸

米色亚光地砖

羊毛地毯

实木地板

雕花玻璃

花纹壁纸

复合木地板

白色玻化砖

吊顶如何布线及装修注意事项

先在分线盒里分线，再甩下来两根线，直接接到筒灯上。优点：两根线跟灯头连接容易；缺点：如果接头没接好，维修比较困难。或者两根线从分线盒下来，再上去两根线。优点：接头在灯头位置，维修容易；缺点：一个灯头四根线，接起来麻烦，浪费的线多。天花板的装修，除选材外，主要是关注造型和尺寸比例的问题，前者应按照具体情况具体处理，而后者则须以人体工程学、美学为依据进行计算。从高度上来说，家庭装修的内净高度不应少于2.6米，否则，尽量不做造型天花，而选用石膏线条框设计。装修若用轻钢龙骨石膏板天花或夹板天花，在其面涂装时，应先用石膏粉封好接缝，然后用厚胶带纸封密后再打底层、涂装。

复合木地板

装饰银镜

木纹大理石

白色乳胶漆

水曲柳饰面板

米黄色洞石

仿古砖

肌理壁纸

密度板拓缝

茶色玻璃

泰柚木饰面板

黑色烤漆玻璃

仿古砖

泰柚木饰面板

白色亚光地砖

皮纹砖

水曲柳饰面板

米色亚光地砖

羊毛地毯

43 +

羊毛地毯

水曲柳饰面板

装饰硬包

白色玻化砖

黑色烤漆玻璃

复合木地板

胡桃木饰面板

沙发墙软包施工的注意事项

切割填塞料"泡沫塑料"时，为避免"泡沫塑料"边缘出现锯齿形，可用较大铲刀及锋利刀沿"泡沫塑料"边缘切下，以保整齐。在黏结填塞料"泡沫塑料"时，避免用含腐蚀成分的黏结剂，以免腐蚀"泡沫塑料"，造成"泡沫塑料"厚度减少，底部发硬，以至于软包不饱满。面料裁割及黏结时，应注意花纹走向，避免花纹错乱影响美观。软包制作好后用黏结剂或直钉将软包固定在墙面上，水平度和垂直度要达到规范要求，阴阳角应进行对角。

松木板吊顶

米黄玻化砖

米色网纹大理石

花纹壁纸

木纹大理石

艺术地毯

白桦木饰面板

密度板拓缝

白枫木饰面板

文化石

柚木饰面板

黑白根大理石

密度板拓缝

白枫木饰面板　　　　　　　　　　　　　米色亚光地砖

浅啡网纹大理石

羊毛地毯

不锈钢条

装饰硬包

木格栅

米色玻化砖

茶色玻璃

复合木地板

白色玻化砖

竹木地板

黑白根大理石

复合木地板

水曲柳饰面板

白色乳胶漆

白色网纹地砖

木质搁板

羊毛地毯

米黄大理石

雕花玻璃

艺术墙贴

白色亚光地砖

米色网纹墙砖

装饰银镜

泰柚木饰面板

石膏板吊顶

白枫木饰面板

石膏板吊顶

米黄洞石

艺术地毯

白色乳胶漆

米色玻化砖

木质窗棂造型

文化石 仿古砖

实木地板

镜面马赛克

浅啡网纹大理石

釉面砖

茶色玻璃

客厅选购灯具应考虑哪些因素

（1）安全性：在选择灯具时不能一味地贪便宜，而要先看其质量，检查质保书、合格证是否齐全。最贵的不一定是最好的，但太廉价的一定是不好的。很多便宜灯质量不过关，往往隐患无穷，一旦发生火灾，后果不堪设想。

（2）灯饰选择上要注意风格一致：灯具的色彩、造型、式样，必须与室内装修和家具的风格相称，彼此呼应。在灯具色彩的选择上，除了要与室内色彩基调相配合之外，当然也可根据个人的喜爱选购。尤其是灯罩的色彩，对气氛起的作用很大。灯具的尺寸、类型和多少要与居室空间大小、总的面积、室内高度等条件相协调。

米黄网纹大理石

水曲柳饰面板

泰柚木饰面板

深啡网纹大理石

石膏板吊顶

装饰硬包

黑色烤漆玻璃

艺术地毯

木纹大理石

米色洞石

石膏板吊顶

浅啡网纹大理石

深啡网纹大理石

直纹斑马木饰面板

布艺软包

石膏板吊顶

文化石

混纺地毯

米色玻化砖

胡桃木装饰线

石膏板吊顶

直纹斑马木饰面板

红樱桃木饰面板

米色洞石

白色亚光地砖

复合木地板

餐厅
Dining room
给自己一个有表情的家

餐厅的使用要求及空间组织

"民以食为天",进餐的重要性不言而喻。餐厅中,就餐餐桌、餐椅是必不可少的,除此之外,还应配以餐饮柜,即用以存放部分餐具、用品、酒、饮料等就餐辅助用品的家具。另外,还可以考虑设置临时存放食品用具的空间。所以,在设计餐厅时,对以上因素都应有考虑,应充分利用分隔柜、角柜,将上述功能设施容纳进就餐空间。餐厅内部家具主要是餐桌椅和餐饮柜等,它们的摆放与布置必须为人们在室内活动留出合理的空间。这方面要依靠室内平面特点,结合餐厅家具的形状合理进行。狭长的餐厅可以靠墙或窗放一长桌,将一条长凳依靠窗边摆放,桌另一侧摆上椅子,这样看上去地面空间会大一些。

黑胡桃木踢脚线

花纹壁纸

马赛克

雕花银镜

白色乳胶漆

胡桃木雕花贴花玻璃　　　　　　　　　花纹壁纸

文化石

木纹玻化砖

车边银镜

实木雕花隔断

仿古砖

聚酯玻璃

黑胡桃木踢脚线

镜面吊顶

黑白根大理石踢脚线

木纹大理石

直纹斑马木饰面板

白色玻化砖

如何考虑餐厅的界面处理

所谓界面，是指形成一个使用空间所需要的地面、侧面和顶棚。餐厅的界面材料的品种、质地、色彩，与空间本身的特点有着密切的联系。地面一般应选择表面光洁、易清洁的材料，如大理石、花岗岩、地砖。墙面在齐腰位置要考虑用些耐碰撞、耐磨损的材料，如一些木饰、墙砖，做局部装饰、护墙处理。顶棚宜以素雅、洁净材料做装饰，如乳胶漆、局部木饰并用，灯具作烘托，有时可适当降低顶棚，可给人以亲切感。

艺术地毯

装饰灰镜

木质装饰立柱

浮雕壁纸

装饰银镜

装饰立柱

白色亚光地砖

石膏板吊顶

复合木地板

条纹壁纸

装饰硬包

桦木饰面板　　　　　　　　　　黑晶砂大理石

磨砂玻璃

木纹大理石

复合木地板

米色亚光地砖

实木地板

泰柚木踢脚线

胡桃木饰面板

白色网纹地砖

松木板吊顶

餐厅陈设应该如何布置

　　餐厅的陈设既要美观又要实用,不可信手拈来,随意堆砌。各类装饰用品因其就餐环境而不同。设置在厨房中的餐厅装饰,应注意与厨房内的设施相协调;设置在客厅中的餐厅装饰,应注意与客厅的功能和格调相统一,若餐厅为独立型,则可按照居室整体格局设计得轻松浪漫一些,相对来说,装饰独立型餐厅时,其自由度较大。具体讲,餐厅中的软装饰,如桌布、餐巾及窗帘等,尽可能选用较薄的化纤类材料,因厚实的棉纺类织物,极易吸附食物气味且不宜散去,不利于餐厅环境卫生;花卉能起到调节心理、美化环境的作用,但切忌花花绿绿,使人烦躁而影响食欲。

深啡网纹大理石

实木地板

浅啡网纹大理石

白枫木踢脚线

肌理壁纸

马赛克

复合木地板

花纹壁纸

白色网纹玻化砖

实木地板

肌理壁纸

水曲柳饰面板

车边银镜　　　　　　　花纹壁纸

雕花灰镜

米色玻化砖

实木地板

装饰银镜

石膏板吊顶

木质窗棂造型

泰柚木饰面板

车边银镜

白色乳胶漆

黑色烤漆玻璃

装饰灰镜

木质搁板

花纹壁纸

石膏板吊顶

白桦木饰面板

皮纹砖

文化石

米色网纹亚光地砖

白色乳胶漆

木质窗棂造型

雕花钢化玻璃　　　　　　　　　　　　　　磨砂玻璃

密度板造型隔断　　　　　　　　　　　　　白枫木踢脚线

茶色玻璃

木质窗棂造型

实木地板

红樱桃木踢脚线

白色玻化砖

肌理壁纸

条纹壁纸

红樱桃木饰面板

卧室

Bedroom

给自己一个有表情的家

如何打造与年龄相匹配的典雅卧室

　　人们对睡眠环境的追求，大致可按年龄的不同，分为"七彩世界"、"主题空间"、"实用至上""'素食'主义"四种风格。这四个年龄阶段虽然风格取向有所不同，但其基本功能则是相通的。首先是"安静"，在喧闹的环境中很难享受睡眠。其次是适当的"温度"，寒冷与酷热是睡眠的大敌。因此，为满足以上两点基本要求，对卧室的设计要具备"私密性与封闭性"。私密性可通过把卧室设在整套房间一侧顶端，尽量与公共活动区如客厅等分开来达到目的。而"封闭性"可通过对门窗的要求来达到，如要求隔声且不透光，则尽量采用密封性好的材料如"塑钢"等，使其与外界隔绝。在满足以上两个基础条件后，我们可根据四个年龄段人群的不同特点来规划设计卧室风格。

复合木地板

艺术地毯

皮革软包

实木地板

实木装饰线

皮革软包　　　　　　　　　　　　　　　　　　　　实木地板

胡桃木饰面板

花纹壁纸

布艺软包

混纺地毯

车边茶色玻璃

实木地板

装饰硬包

复合木地板

如何运用卧室内的隐蔽空间

简单的家具陈设，整洁的居室空间自然会给人愉悦的视觉享受，但梳妆台、更衣室等日常生活必备的功能区域又不可缺少，好在家具设计师已为我们解决了这个难题。多功能衣柜中，梳妆区既可自成一体，也可隐入储物区的推入门中，以保持衣柜的整体性，另外，更衣区还应设置沙发或椅子，以方便更换衣服。

除了衣柜，舒适的大床自然也是卧室的主角，床下的巨大空间当然不能随意放过。足够的储备空间，让您无须担心大棉被在换季后的藏身之处。配套的棉质布罩，可用来遮盖储物盒的表面，防止灰尘的袭入，更保证寝具的干净整洁，体现居室的整体美感。

装饰硬包

混纺地毯

石膏板吊顶

泰柚木饰面板

木质搁板

花纹壁纸

复合木地板

胡桃木饰面板

花纹壁纸

布艺软包

羊毛地毯

实木地板

花纹壁纸　　　　实木地板

装饰灰镜

实木装饰顶角线

密度板拓缝

木质窗棂造型

红樱桃木饰面板

混纺地毯

装饰银镜

石膏板吊顶

黑胡桃木饰面板

肌理壁纸

实木地板

胡桃木饰面板

提升卧室生活品质要点

（1）静：可采用地面铺地毯，外加厚实的窗帘吸挡部分噪声，也可采用双层玻璃或墙面做书架，以丰富的藏书来隔声、吸声。

（2）保持空气新鲜：除了要时常通风外，可在卧室外窗上安装一只排风扇，睡觉前开10分钟，比自然通风更有效。

（3）功能单一：卧室是休息的地方，需要一个安谧的环境，因此功能越单一，居住就越舒适。

（4）围绕睡眠的辅助设施：除床以外，还需要增加其他辅助设施。在夫妇的卧室中，衣柜必不可少。无论是壁柜、衣柜还是步入式衣帽间，柜门最好是推入式的，以节省空间。

装饰硬包

密度板拓缝

实木地板

木质窗棂造型

钢化玻璃

直纹斑马木饰面板

实木地板

混纺地毯

黑胡桃木饰面板

钢化玻璃

白桦木饰面板

布艺软包

彩绘玻璃   复合木地板

装饰硬包

文化石

羊毛地毯

泰柚木百叶门

复合木地板

布艺软包

雕花银镜

花纹壁纸

装饰硬包

泰柚木饰面板

不锈钢条

直纹斑马木饰面板

布艺软包　　　　　　　　　　　　　　　　　　实木地板

复合木地板

肌理壁纸

黑色烤漆玻璃

皮革软包

装饰硬包　　　　　　　　　　　　　　　　　　白枫木百叶门

复合木地板

布艺软包

水曲柳饰面板

艺术壁纸

皮革软包

直纹斑马木饰面板

混纺地毯

羊毛地毯

实木地板

花纹壁纸

装饰硬包